AF495085

CATALOGUE MÉTHODIQUE

DES

LÉPIDOPTÈRES DE FRANCE

DÉCRITS

DANS LA FAUNE FRANÇAISE

AVEC L'INDICATION DU VOLUME ET DE LA PAGE OU L'ON TROUVERA LA DESCRIPTION DE CHAQUE ESPÈCE;

POUR LE CLASSEMENT DES COLLECTIONS
ET POUR FACILITER LES ÉCHANGES ENTRE AMATEURS

PAR E. BERCE

Prix : 1 fr. 50

Par six exemplaires, 5 francs.

PARIS

LIBRAIRIE ZOOLOGIQUE

De E. DEYROLLE Fils

23, RUE DE LA MONNAIE, 23.

On peut se procurer chez E. Deyrolle fils, 23, rue de la Monnaie, à Paris, toutes les espèces consignées sur ce catalogue; le prix courant sera envoyé franco sur demande.

Fontainebleau. — Imprimerie E. Bourges.

TOME Ier.

RHOPALOCERA, *Dumeril, Boisduval.*

ACHALINOPTERA, *Blanchard.* DIURNI, *Auctorum.*

		Pages.
	I. PAPILIONIDÆ G.	105
	G. PAPILIO L.	*id.*
1	Podalirius L.	*id.*
	V. Feisthamelii D.	106
2	Alexanor Esp.	*id.*
3	Machaon L.	*id.*
	Ab. Sphyrus Hb.	237
	G. THAIS F.	107
4	Polyxena *Schiff.* s. v.	*id.*
	V. Cassandra Hb.	*id.*
5	Rumina L.	*id.*
	V. Medesicaste Illig.	*id.*
	Ab. Honnoratii B.	108
	G. PARNASSIUS Lat.	*id.*
6	Apollo L.	*id.*
7	Delius Esp.	109
8	Mnemosyne L.	*id.*

		Pages.
	II. PIERIDÆ G.	110
	G. LEUCOMA *Donzel.*	*id.*
9	Cratægi L.	*id.*
	G. PIERIS *Schrk.*	*id.*
10	Brassicæ L.	*id.*
11	Rapæ L.	111
12	Napi L.	*id.*
	V. Napææ Esp.	*id.*
	Ab. Bryoniæ O.	112
13	Callidice Esp.	*id.*
14	Daplidice L.	*id.*
	V. Bellidice O.	*id.*
	G. ANTHOCHARIS B.	113
15	Belia Esp.	*id.*
	V. Ausonia Hb.	*id.*
	V. Simplonia Frey.	*id.*
16	Tagis Hb.	114

		Pages.
	V. Bellezina B.	114
17	Cardamines L.	*id.*
18	Eupheno L.	115
	G. LEUCOPHASIA Stph.	*id.*
19	Sinapis L.	*id.*
	Ab. Erysimi Bkh.	116
	V. Diniensis B.	*id.*
	V. Lathyri Hb.	*id.*
	G. COLIAS F.	*id.*
20	Palæno L.	117
21	Phicomone Esp.	118
22	Hyale L.	119
23	Edusa F.	*id.*
	Ab. *Helice* Hb.	*id.*
	G. RHODOCERA Bdv.	120
24	Rhamni L.	*id.*
25	Cleopatra L.	*id.*
	III. LYCÆNIDÆ G.	121
	G. THECLA F.	*id.*
26	Betulæ L.	*id.*
27	Spini S. V.	*id.*
28	W. album Knoch.	122
29	Ilicis Esp.	*id.*
	Var. Cerri Hb.	123
	Var. Æsculi Hb.	*id.*
30	Acaciæ F.	*id.*
31	Pruni L.	*id.*
32	Roboris Esp.	124
33	Quercus L.	*id.*
34	Rubi L.	125
	G. POLYOMMATUS Lat.	*id.*
35	Ballus F.	126
36	Virgaureæ L.	*id.*
37	Hippothoë L.	127
38	Eurydice Rott.	*id.*
	Var. Eurybia Och	128
39	Alciphron Rott.	*id.*
40	Gordius Esp.	129
41	Dorilis Hufn.	*id.*
	Var. Montana M-Dür.	130
42	Phlæas L.	*id.*
	G. LYCÆNA F.	131
43	Bætica L.	*id.*
44	Telicanus Hbst.	132
45	Tiresias Rott.	133
	Var. Polysperchon Bgst.	*id.*
46	Ægon S.V.	*id.*
47	Argus L.	134
	Ab. Calliopis B.	*id.*
	Var. Alpina	*id.*
48	Optilete Knoch.	135
49	Battus S.V.	136
50	Hylas S.V.	*id.*
51	Pheretes Hb.	137
52	Orbitulus Esp.	*id.*
	Var. Pyrenaica B.	138
53	Medon Hufn.	*id.*
	Ab. Allous Hb.	139
54	Eros Och.	*id.*
55	Icarus Rott.	*id.*
	Ab. Icarinus Scrib.	140
56	Agestor.	*id.*
57	Chiron Rott.	*id.*
58	Amanda Schn.	141
59	Adonis S.V.	142
	Ab. *Ceronus* Esp.	*id.*
60	Corydon Scop.	*id.*
	Ab. *Syngrapha* Kef.	143
61	Dorylas S.V.	*id.*
62	Daphnis S.V.	144
63	Rippertii Frey.	*id.*

	Pages.
64 Lefebvrei God.	145
65 Damon S.V.	*id.*
66 Donzelii B.	146
67 Argiolus L.	*id.*
68 Sebrus Hb.	147
69 Alsus S.V.	*id.*
70 Semiargus Rott.	*id.*
71 Cyllarus Rott.	148
72 Melanops B.	*id.*
73 Iolas O.	*id.*
74 Alcon S.V.	149
75 Diomedes Rott.	*id.*
76 Arion L.	150
77 Arcas Rott.	*id.*
IV. ERYCINIDÆ *G.*	*id.*
G. Nemeobius Stph.	151
78 Lucina L.	*id.*
V. LIBYTHEIDÆ *G.*	*id.*
G. Libythea Lat.	152
79 Celtis Esp.	*id.*
VI. APATURIDÆ *G.*	*id.*
G. Charaxes Och.	153
80 Jasius L.	*id.*
G. Apatura Fab.	154
81 Iris L.	*id.*
Ab. *Jole* S.V.	*id.*
82 Ilia S.V.	155
Ab. *Clytie* Hb.	*id.*
Ab. *Metis* Fr.	156
VII. NYMPHALIDÆ *G.*	*id.*
G. Limenitis Fab.	157
83 Populi L.	*id.*
Ab. *Tremulæ* Esp.	*id.*
84 Camilla S.V.	158
85 Sybilla L.	*id.*
G. Vanessa Fab.	159
86 Levana L.	160
V. *Prorsa* L.	*id.*
Ab. *Porima* O.	*id.*
87 Egea Cr.	161
88 C. album L.	*id.*
89 Polychloros L.	162
Ab. Testudo.	*id.*
90 Xanthomelas S.V.	*id.*
91 Urticæ L.	163
92 Io L.	164
Ab. Ioïdes O.	*id.*
93 Antiopa L.	*id.*
94 Atalanta L.	*id.*
95 Cardui L.	165
G. Melitæa Fab.	165
96 Cynthia S.V.	166
97 Maturna L.	*id.*
98 Artemis S.V.	*id.*
V. Merope Prunn.	167
V. Provincialis B.	*id.*
99 Cinxia L.	168
100 Phœbe S.V.	*id.*
101 Didyma Esp.	169
102 Deione Hb.	*id.*
103 Athalia Esp.	170
Ab. Pyronia Hb.	*id.*
104 Dictynna Esp.	171
105 Parthenie Bork.	*id.*
106 Parthenoïdes Kef.	172
G. Argynnis Fab.	*id.*
107 Aphirape Hb.	173
108 Selene S.V.	*id.*
109 Euphrosine L.	174
110 Pales S.V.	*id.*

		Pages.
	V. Isis Hb.	175
	Ab. ♀ *Napœa* Hb.	*id.*
	V. Arsilache Esp.	*id.*
111	Dia L.	176
112	Amathusia Esp.	*id.*
113	Daphne S.V.	177
114	Ino Esp.	*id.*
115	Hecate S.V.	*id.*
116	Lathonia L.	178
	Ab. Valdensis Esp.	*id.*
117	Aglaja L.	*id.*
118	Niobe L.	179
	Ab. Eris Meig.	*id.*
119	Adippe S.V.	*id.*
	Ab. Cleodoxa O.	180
120	Paphia L.	*id.*
	Ab. ♀ *Valesina* Esp.	181
121	Pandora S.V.	*id.*
	VIII. SATYRIDÆ *G.*	182
	G. ARGE Bdv.	*id.*
122	Galathea L.	183
	Var. Procida Herbst.	184
	Ab. Galene O.	*id.*
	Ab. ♀ *Leucomelas* Esp.	*id.*
123	Lachesis Hb.	*id.*
	V. Canigulensis.	185
124	Clotho Hb.	*id.*
125	Psyche Hb.	*id.*
	Ab. Ixora B.	*id.*
	G. EREBIA Bdv.	137
126	Epiphron Knoch.	*id.*
	Var. Cassiope F.	187
	Var. Nelamus B.	*id.*
127	Melampus Fuess.	188
128	Pharte Esp.	*id.*
129	Mnestra Esp.	*id.*

		Pages.
130	Pyrrha S.V.	189
	Ab. Cæcilia B.	*id.*
131	Ceto Hb.	*id.*
132	Oeme Esp.	190
133	Medusa S.V.	*id.*
134	Pirene Esp.	191
135	Evias Lef.	*id.*
136	Melas Herbst.	192
137	Alecto Hb.	*id.*
138	Scipio B.	193
139	Epistygne B.	194
140	Manto S.V.	*id.*
	Var. Sthennyo Graslin.	*id.*
141	Tyndarus Esp.	195
	Ab. *Cæcodromus* Gn.	*id.*
142	Gorge Esp.	196
	Ab. Erynnis Esp.	*id.*
143	Gorgone B.	*id.*
	Gorgophone? Bellier.	238
144	Goante Esp.	197
145	Pronoë Esp.	*id.*
	Var. Pitho Hb.	198
146	Neoridas B.	*id.*
147	Medea S.V.	*id.*
148	Ligea L.	199
149	Euryale Esp.	id.
	Ab. Philomela Hb.	200
	Ab. Adyte Hb.	*id.*
	Ab. Ocellaris Stgr.	*id.*
	G. CHIONOBAS B.	201
150	Aello Esp.	*id.*
	G. SATYRUS F.	*id.*
151	Proserpina S.V.	202
152	Hermione L.	*id.*
153	Alcyone S.V.	203
154	Briseis L.	*id.*
	Ab. ♀ *Pirata* Esp.	204

		Pages.
155	Semele L.	204
156	Arethusa S.V.	205
	Var. Erythia Hb.	206
157	Statilinus Hufn.	*id.*
	Var. Allionia F.	207
158	Fidia L.	*id.*
159	Phædra L.	208
160	Cordula F.	*id.*
	Ab. Peas Hb.	*id.*
	Var. Bryce O.	*id.*
161	Actæa Esp.	209
	Var. *Podarce* O.	*id.*
	G. Pararga H.S.	210
162	Mæra L.	*id.*
	Var. Adrasta Hb.	211
163	Hiera Hb.	*id.*
164	Megæra L.	*id.*
165	Ægeria L.	212
	Var. Meone Hb.	213
166	Dejanira L.	*id.*
	G. Epinephele Hb.	*id.*
167	Lycaon Rott.	214
168	Janira L.	*id.*
	Var. Hispulla Hb.	215
169	Ida Esp.	*id.*
170	Tithonus L.	*id.*
171	Pasiphae Esp.	216
172	Hyperanthus L.	*id.*
	Ab. *Arete* Müll.	217
	G. Cœnonympha H.S.	*id.*
173	Œdipus F.	id.
174	Hero L.	218
175	Iphis S.V.	*id.*
176	Arcanius L.	219
177	Philea Hb.	220

		Pages.
178	Dorus Esp.	220
179	Pamphilus L.	*id.*
	Var. Lyllus Esp.	221
180	Davus F.	*id.*
	IX. HESPERIDÆ *G.*	222
	G. Spilothyrus D.	*id.*
181	Malvarum Ill.	223
182	Altheæ Hb.	224
183	Lavateræ Esp.	*id.*
	G. Syrichtus B.	225
184	Proto Esp.	*id.*
185	Sidæ Esp.	226
186	Carthami Hb.	227
187	Alveus Hb. O.	*id.*
	Cirsii Rmb.	228
	Carlinæ Rmb.	*id.*
188	Serratulæ Rmb.	229
189	Cacaliæ Rmb.	*id.*
190	Malvæ L. Hb.	230
	Var. *Lavateræ* F Meig.	*id.*
191	Sao Hb.	*id.*
	G. Thanaos B.	*id.*
192	Tages L.	231
	G. Hesperia B.	*id.*
193	Thaumas Hufn.	232
194	Lineola Och.	*id.*
195	Actæon Esp.	233
196	Sylvanus Esp.	*id.*
197	Comma L.	234
	G. Cyclopides Hb.	*id.*
198	Steropes S.V.	235
	G. Carterocephalus Ld.	*id.*
199	Paniscus Esp.	*id.*

TOME II.

—

HETEROCERA, *Dumeril*, *Boisduval*.

CHALINOPTERA, *Blanchard*.

A. SPHINGES, LINNÉ.

CREPUSCULARIA et NOCTURNA, *Latreille*.

		Pages.
	I. SPHINGIDÆ *B*.	10
	G. ACHERONTIA O.	11
200	Atropos L.	*id*.
	G. SPHINX O.	13
201	Pinastri L.	*id*.
202	Ligustri L.	14
203	Convolvuli L.	15
	G. DEILEPHILA O.	16
204	Vespertilio Esp.	17
	Vespertilioïdes B.	18
	Epilobii B.	*id*.
205	Hippophaës Esp.	19
206	Galii S.V.	20
207	Euphorbiæ L.	21
208	Nicæa de Prun.	22
209	Livornica Esp.	*id*.
210	Celerio L.	23
211	Elpenor L.	*id*.
212	Porcellus L.	24
213	Nerii L.	25
	G. SMERINTHUS O.	*id*.
214	Tilliæ L.	27
215	Ocellata L.	*id*.
216	Populi L.	28
217	Quercus S.V.	29
	G. PTEROGON B.	*id*.
218	Œnotheræ S.V.	30
	G. MACROGLOSSA O.	*id*.
219	Stellatarum L.	31
220	Bombyliformis O.	32
221	Fuciformis L.	*id*.

Pages.

II. SESIIDÆ *HS.* 33

G. TROCHILIUM Scop. 34
222 Apiforme L. *id.*
223 Bembeciforme. T. 3, supl. 249
224 Laphriiforme Hb. 35

G. SCIAPTERON Stgr. 36
225 Tabaniforme Rott. *id.*
Var. *Rhingiiforme* Hb. 37

G. SESIA F. 38
226 Scoliæformis Bkh. *id.*
227 Spheciformis S.V. 39
228 Tipuliformis L. 40
229 Cephiformis O. 41
230 Conopiformis Esp. 42
231 Asiliformis Rott. 43
232 Myopiformis Bkh. 44
233 Typhiiformis Bkh. 45
234 Culiciformis L. 46
235 Formiciformis Esp. 47
236 Ichneumoniformis F. 48
237 Uroceriformis Tr. 49
238 Empiformis Esp. 50
239 Monspeliensis Stgr. 51
240 Philanthiformis Lasp. *id.*
241 Aerifrons Zell. 52
242 Chrysidiformis Esp. 53

G. BEMBECIA Hb. *id.*
243 Hylæiformis Lasp. 54

G. PARANTHRENE Hb. *id.*
244 Tineiformis Esp. *id.*

III. THYRIDIDÆ *HS.* 55

G. THYRIS Ill. *id.*

Pages.
245 Fenestrella Scop. 56

IV. HETEROGYNIDÆ *id.*

G. HETEROGYNIS Rmb. *id.*
246 Penella Hb. 57

V. ZYGÆNIDÆ *B.* 58

G. AGLAOPE Lat. *id.*
247 Infausta L. 59
G. INO Leach. *id.*
248 Globulariæ Hb. 60
249 Statices L. *id.*
250 Geryon Hb. 61
251 ? Micans Frey. 62
252 Pruni S.V. *id.*

G. ZYGÆNA F. 63
253 Erythrus Hb. 64
254 Minos S.V. *id.*
255 Scabiosæ Esp. 65
256 Contaminei B. 66
257 Punctum O. 67
258 Sarpedon Hb. 68
V. *Balearica* B. *id.*
259 Achilleæ Esp. 69
Ab. *Viciæ* Hb. 70
Ab. Flava Hb. *id.*
260 Anthyllidis B. *id.*
261 Exulans Re. Hohenw. 71
262 Meliloti Esp. 72
263 Angelicæ O. 73
264 Alpina B. *id.*
265 Trifolii Esp. 74
Ab. *Orobi* Hb. 75
266 Loniceræ Esp. *id.*
267 Filipendulæ L. 76
V. *Ochsenheimeri* Zell. 77
Transalpina Hb. *id.*

		Pages.
268	Charon B.	77
269	Transalpina O.	78
	Medicaginis O.	*id.*
270	Hippocrepidis Hb.	*id.*
271	Ephialtes L.	79
	Ab. Falcatæ Hb.	*id.*
	Ab. *Coronillæ* S.V.	*id.*
	Ab. Trigonellæ.	80
272	Peucedani Esp.	*id.*
	Ab. Athamanthæ Esp	*id.*
	Ab. Eacus S.V.	81
273	Lavandulæ Esp.	*id.*
274	Rhadamanthus Esp.	82
275	Hilaris O.	*id.*
276	Fausta L.	83
	V. *Jucunda* Meiss.	*id.*
277	Carniolica Scop.	84
	Ab. *Hedysari* Hub.	85
	Ab. *Flaveola* Esp.	*id.*
278	Occitanica Vill.	86

	VI. SYNTOMIDÆ *HS.*	87
	G. Syntomis Ill.	*id.*
279	Phegea L.	*id.*
	Ab. *Phegeus* Esp.	88
	Ab. Clœlia Esp.	*id.*
	Ab. Iphimedia.	*id.*
	G. Naclia B.	*id.*
280	Ancilla L.	*id.*
281	Punctata F.	89
282	? Servula Berce.	*id.*

B. BOMBYCES.

		Pages.
	I. NYCTEOLIDÆ *HS.*	90
	G. Sarrothripa Curt.	*id.*
283	Revayana S.V.	91
	Ab. *Dilutana* Hb.	91
	Ab. *Degenerana* Hb.	*id.*
	Ab. *Punctana* Hb.	92
	Ab. *Ramosana* Hb.	*id.*
	G. Halias Tr.	
284	Clorana L.	93
285	Prasinana L.	94
286	Quercana S.V.	*id.*
	II. LITHOSIDÆ *HS.*	95
	G. Nola Leach.	*id.*
287	Cuculatella S.V.	96
288	Togatulalis Hb.	97
289	Strigula S.V.	*id*
290	Confusalis H.S.	98
291	Thymuia Mill. T. 4, supl.	253
292	Albula S.V.	98
293	Centonalis Hb.	99
294	Chlamydulalis Hb.	*id.*
	G. Nudaria Stph.	100
295	Senex Hb.	101
296	Mundana L.	*id.*
297	Murina Esp.	102
	G. Calligenia D.	*id.*
298	Miniata Forst.	*id.*
	G. Setina Schrk.	103
299	Irrorella L.	104
300	Flavicans B.	*id.*
301	Roscida S.V.	105
	V. *Melanomos* Nick.	
302	Aurita Esp.	*id.*
303	Ramosa F.	106
304	Mesomella L.	107

		Pages.
	G. Lithosia F.	107
305	Muscerda Hufn.	108
306	Griseola Hb.	109
307	Depressa Esp.	*id.*
308	Complana L.	110
309	Lurideola Zink.	*id.*
310	Caniola Hb.	111
311	Unita Hb.	*id.*
312	Lutarella L.	112
313	Aureola Hb.	113
	G. Gnophria Stph.	
314	Quadra L.	*id.*
315	Rubricollis L.	114
	III. CHELONIDÆ *B.*	115
	G. Emydia B.	*id.*
316	Grammica L.	116
	Ab. *Striata.*	117
317	Cribrum L.	*id.*
	V. *Rippertii* B.	118
	V. Candida Cyr.	*id.*
	Ab. Punctigera Frr.	*id.*
	G. Deiopea Stph.	119
318	Pulchella L.	*id.*
	G. Euchelia B.	*id.*
319	Jacobææ L.	120
	G. Nemeophila Stph.	121
320	Russula L.	*id.*
321	Plantaginis L.	122
	Ab. Hospita S. V.	123
	Ab. Matronalis Frr.	*id.*
	G. Callimorpha Fat.	124
322	Dominula L.	*id.*
	Ab. *Lutea* Stgr.	*id.*
323	Hera L.	125
	Ab. *Lutescens* Stgr.	*id.*
	G. Chelonia Lat.	126
324	Matronula L.	127
325	Caja L.	128
326	Villica L.	129
	Ab. Angelica B.	*id.*
327	Purpurea L.	130
328	Fasciata Esp.	*id.*
329	Hebe L.	131
330	Curialis Esp.	132
	Ab.? Dejeanii God.	133
331	Aulica L.	*id.*
332	Pudica Esp.	134
333	Maculosa S.V.	135
334	Casta Esp.	136
	G. Trichosoma Rmb.	137
335	Hemigenum Grasl.	*id.*
	G. Spilosoma Stph.	138
336	Fuliginosa L.	139
337	Luctifera S.V.	*id.*
338	Sordida Hb.	140
339	Mendica L.	141
340	Lubricipeda S.V.	*id.*
341	Menthastri S.V.	142
	Ab. *Walkeri* Curt.	*id.*
	Ab. *Luxerii* God.	143
342	Urticæ Esp.	*id.*
	III. HEPIALIDÆ *HS.*	144
	G. Hepialus F.	*id.*
343	Humuli L.	145
344	Sylvinus L.	146
345	Velleda Hb.	*id.*
	Ab. Gallicus.	147
346	Carnus Esp.	*id.*

Pages.
347 Pyrenaicus Donz. 148
348 Lupulinus L. *id.*
349 Ganna Hb. 149
350 Hectus L. 150

V. COSSIDÆ *HS.* 151

G. COSSUS F. 152
351 Ligniperda F. *id.*

G. HYPOPTA Hb. 153
352 Cæstrum Hb. *id.*

G. ZEUZERA Lat. 154
353 Æsculi L. 155

G. PHRAGMATŒCIA. Newmann. *id.*
354 Castaneæ Hb. 156

G. STYGIA Lat. *id.*
355 Australis Lat. 157

G. ENDAGRIA B. 158
356 Pantherina Hb. *id.*

VI. COCLIOPODÆ *B.* 159

G. LIMACODES Lat. *id.*
357 Testudo S.V. *id.*
358 Asellus S.V. *id.*

VII. LIPARIDÆ *B.* 162

G. PENTOPHORA Stph. *id.*
359 Morio L. 163

G. ORGYIA O. *id.*
360 Aurolimbata Gn. 164
361 Gonostigma F. *id.*
362 Antiqua L. 165
363 Trigotephras B. 166

Pages.

G. DEMAS Stph. 167
364 Coryli L. *id.*

G. LIPARIS O. 168
365 Rubea S.V. *id.*
366 Dispar L. 169
367 Monacha L. 170
Ab. Eremita O. 171
368 Salicis L. *id.*
369 Chrysorrhœa L. 172
370 Auriflua S.V. 173

G. LARIA Hb. *id.*
371 V. nigrum F. *id.*

G. PANTHEA Hb. 174
372 Cœnobita Esp. 175

G. DASYCHIRA Stph. *id.*
373 Pudibunda L. 176
374 Fascelina L. 177

G. CNETHOCAMPA Stph. *id.*
375 Processionea L. 178
376 Pityocampa S.V. 179

VIII. BOMBYCIDÆ *B.* 180

G. BOMBYX B. *id.*
377 Cratægi L. 181
V. *Ariæ* Hb. 182
378 Populi L. *id*
379 Dorycnii Mill. 183
380 Franconica S.V. *id.*
381 Castrensis L. 184
Ab. *Taraxacoides* Bellier. 185
382 Neustria L. *id.*
383 Lanestris L. 186
384 Catax L. 187

		Pages.
385	Rimicola S. V.	188
386	Trifolii S. V.	189
	V. *Medicaginis* Bkh.	*id.*
387	Quercus L.	190
	Ab. *Roboris* Schrk.	191
	Ab. *Guillemotii* Trimoulet.	*id.*
	Ab. *Spartii* Hb.	*id.*
388	Rubi L.	192
	G. CRATERONYX D.	193
389	Taraxaci S. V.	194
390	Dumeti L.	*id.*
	G. LASIOCAMPA Lat.	195
391	Potatoria L.	196
392	Pini L.	197
393	Lineosa Vill.	198
394	Pruni L.	199
395	Quercifolia L.	200
396	Populifolia S. V.	*id.*
397	Betulifolia O.	201
398	Ilicifolia L.	*id.*
399	Suberifolia D.	202
	IX. ENDROMIDÆ *B.*	203
	G. ENDROMIS O.	*id.*
400	Versicolora L.	*id.*
	X. SATURNIDÆ	205
	G. SATURNIA Schk.	*id.*
401	Pyri S. V.	206
402	Pavonia L.	207
	G. AGLIA O.	208
403	Tau L.	*id.*
	XI. DREPANULIDÆ *B.*	209
	G. PLATYPTERYX Lasp.	*id.*

		Pages.
404	Falcataria L.	210
405	Curvatula Bkh.	211
406	Sicula S. V.	*id.*
407	Lacertinaria L.	212
408	Binaria Hufn.	213
409	Cultraria F.	*id.*
	G. CILIX Leach.	214
410	Spinula S. V.	*id.*
	XII. NOTODONTIDÆ *B.*	215
	G. HARPYIA O.	216
411	Verbasci F.	*id.*
412	Bicuspis Bkh.	218
413	Furcula L.	219
414	Bifida Hb.	220
415	Vinula L.	221
416	Erminea Esp.	222
	G. STAUROPUS Germ.	223
417	Fagi L.	*id.*
	G. UROPUS B.	224
418	Ulmi S. V.	225
	G. HYBOCAMPA Led.	*id.*
419	Milhauseri Esp.	226
	G. NOTODONTA O.	227
420	Dictæa L.	228
421	Dictæoides Esp.	*id.*
422	Zigzag L.	229
423	Tritophus S. V.	230
424	Tremula S. V.	231
425	Torva Hb.	*id.*
426	Dromedarius L.	232
427	Chaonia S. V.	233
428	Querna S. V.	234
429	Dodonea S. V.	235
430	Bicoloria S. V.	*id.*

Pages.

431 Argentina S. V. 236

G. LOPHOPTERYX Stph. 237
432 Carmelita Esp. 238
433 Camelina L. *id.*
434 Cucullina S. V. 239

G. PTEROSTOMA Germ. 240
435 Palpina L. 241

G. DRYNOBIA D. *id.*
436 Velitaris Hufn. 242
437 Melagona Bkh. *id.*

G. GLUPHISIA B. 243
438 Crenata Esp. *id.*

G. DILOBA Stph. 244
439 Cæruleocephala L. 245

G. PTILOPHORA Stph *id.*
440 Plumigera S. V. 246

G. PYGÆRA O.
441 Bucephala L. 247
442 Bucephaloides O. 248

Pages.

G. CLOSTERA Stph. 249
443 Anastomosis L. *id.*
444 Curtula L. 250
445 Anachoreta S.V. 251
446 Reclusa S. V. 252

XIII.

CYMATOPHORIDÆ *HS.* *id.*

G. GONOPHORA Brd. 253
447 Derasa L. *id.*

G. THYATIRA O. 254
448 Batis L. *id.*

G. CYMATOPHORA Tr. 255
449 Ocularis Gn. *id.*
450 Or S.V. 256
451 Duplaris L. 257
452 Fluctuosa Hb. 258
453 Ruficollis S.V. 279
454 Diluta S.V. 260
455 Flavicornis L. *id.*
456 Ridens F. 261

TOME III.

—

C. NOCTUÆ, L.

Pages.

I. BRYOPHILIDÆ *G.* 1

G. Bryophila Tr. *id.*
457 Ravula Hb. 2
458 Deceptricula Hb. *id.*
Ab. *Raptricula* Hb. *id.*
459 Ereptricula Tr. 3
460 Receptricula Hb. *id.*
461 Algæ F. 4
Ab. *Mendacula* Hb. 5
Ab. *Calligrapha* Bkh. *id.*
462 Perla. *id.*
463 ? Perloides Gn. 6
464 Glandifera S. V. 7
V. *Par* Hb. *id.*

II. BOMBYCOIDÆ *B.* 7

G. Diphthera O. *id.*
465 Orion Esp. 8
466 Ludifica L. *id.*

G. Colocasia O. 9
467 Chamaesyces G. 10

G. Acronycta O. *id.*
468 Psi L. 11
469 Cuspis Hb. 12
470 Tridens S. V. *id.*
471 Leporina L. 13
V. *Bradyporina* Tr. *id.*
472 Aceris L. 14
Ab. *Candelisequa* Esp. *id.*
473 Megacephala S. V. 15
474 Strigosa S. V. 16
475 Alni L. 17
476 Ligustri S. V. 18
477 Rumicis L. *id.*
478 Auricoma S. V. 19
Ab. *Pepli* Hb. 20
479 Euphrasiæ Brahm. *id.*
Ab. *Esulæ.* 21
480 Euphorbiæ S. V. *id.*
Ab. *Montivaga* Gn. *id.*

G. Simyra Tr. 22
481 Nervosa S. V. *id.*
482 Venosa Bkh. *id.*

II. LEUCANIDÆ *G.* 23

G. Synia D. 24
483 Musculosa Hb. *id.*

		Pages.
	G. Mithymna Gn.	24
484	Imbecilla F.	25
	G. Leucania O.	26
485	Conigera S. V.	id.
486	Vitellina Hb.	27
487	Turca L.	28
488	Lythargyria Esp.	id.
489	Albipuncta S. V.	29
490	Dactylidis B.	30
491	Scirpi D.	id.
492	Zeæ D.	id.
493	Punctosa Tr.	31
494	Putrescens Hb.	id.
495	Obsoleta Hb.	32
496	Loreyi D.	33
497	Littoralis Curt.	id.
498	Pudorina S. V.	34
499	Comma L.	35
500	L. album L.	id.
501	Riparia Rmb.	36
502	Congrua Hb.	37
503	Sicula	38
	V. *Fuscilinea* Grasl.	id.
504	Albivena Grasl.	id.
505	Straminea Tr.	39
506	Impura Hb.	id.
507	Pallens L.	40
	V. *Ectypa* B.	41
508	Phragmitidis Hb.	id.
	G. Sesamia Gn.	id.
509	Nonagrioides Lef.	42
	G. Senta Stph.	id.
510	Maritima Tausch.	43
	G. Nonagria O.	id.
511	Rufa Hw.	44
512	Fulva Hb.	id.
513	Hellmanni Ev.	id.
514	Neurica Hb.	45
515	Geminipuncta Hatch.	id.
	Paludicola Hb.	id.
	Ab. *Guttans* Hb.	47
516	Nexa Ab.	id.
517	Algæ Esp.	id.
518	Sparganii Esp.	48
519	Typhæ Esp.	49
	Ab. *Fraterna* Tr.	50
520	Lutosa Hb.	id.
	III. GLOTTULIDÆ *G.*	51
	G. Glottula Gn.	id.
521	Pancratii Cyril.	52
	IV. APAMIDÆ *G.*	id.
	G. Gortyna O.	id.
522	Lunata Frr.	53
	V. *Borelii* Pier.	54
523	Flavago S. V.	55
	G. Hydrœcia Gn.	id.
524	Nictitans Bkh.	56
	Ab. *Erythrostigma* Hw.	id.
525	Cuprea S. V.	id.
526	Micacea Esp.	57
	G. Axilia Hb.	58
527	Putris L.	id.
	G. Xylophasia Stph.	59
528	Lateritia Hufn.	id.
529	Rurea F.	60
	Ab. *Alopecurus* Esp.	61
530	? Aquila Donz.	id.
531	Lithoxylea S. V.	62
532	Sublustris Esp.	63
533	Polyodon L.	id.
534	Hepatica S. V.	64

		Pages.
535	Scolopacina Esp.	64
536	Petrorhiza Bkh.	65
537	Pulla S. V.	66
	G. Dipterygia Stph.	67
538	Pinastri L.	*id.*
	G. Xylomyges Gn.	68
539	Conspicillaris L.	*id.*
	Ab. *Melaleuca* View.	69
	G. Asteroscopus B.	*id.*
540	Nubeculosus Esp.	70
541	Sphinx Hufn.	71
	G. Aporophyla Gn.	72
542	Australis B.	*id.*
	G. Laphygma Gn.	73
543	Exigua Hb.	*id.*
	Ab. Pygmæa Rmb.	74
	G. Neuria Gn.	75
544	Saponariæ Bkh.	*id.*
	G. Heliophobus B.	76
545	Lolii Esp.	*id.*
546	Hirta Hb.	77
547	Optabilis B.	78
548	Hispidus Hb.	*id.*
	G. Episema O.	79
549	Trimacula S. V.	*id.*
	Ab. *Hispana* B.	80
	Ab. *Unicolor* D.	*id.*
	G. Charæas Stph.	81
550	Graminis L.	*id.*
	Ab. *Tricuspis* Esp.	82
	G. Pachetra Gn.	*id.*
551	Leucophæa S. V.	*id.*
	G. Cerigo Stph.	83
552	Matura Hufn.	84
	G. Luperina B.	*id.*
553	Luteago Hb.	85
554	Rubella D.	*id.*
555	Testacea S.V.	86
556	Nikerlii Fr.	87
557	Dumerilii D.	88
	Ab. *Desyllesi* B.	*id.*
558	Cespitis S.V.	89
559	Dumetorum Hb.	90
560	Virens L.	*id.*
	G. Mamestra O.	91
561	Chenopodiphaga Rmb.	*id.*
562	Serratilinea Tr.	92
563	Pernix Hb.	93
564	Maillardi Hb.	94
565	Rubrirena Tr.	95
566	Ajecta Hb.	*id.*
	Ab. *Fribolus* B.	96
567	Anceps Hb.	*id.*
568	Albicolon Hb.	97
569	Furva S.V.	*id.*
570	Brassicæ L.	98
571	Persicariæ L.	99
	Ab. *Accipitrina* Esp.	100
	G. Apamea O.	*id.*
572	Basilinea S.V.	*id.*
573	Connexa Bkh.	101
574	Gemina Hb.	102
	Ab. *Submissa* Tr.	103
575	Unanimis Tr.	*id.*
576•	Ophiogramma Esp.	104
577	Fibrosa Hb.	*id.*
	Ab. *Leucostigma* Hb.	105
578	Oculea L.	*id.*
	Ab. *Nictitans* Esp.	106

		Pages.
	Ab. *Secalina* Hb.	106
	G. Miana Stph.	*id.*
579	Strigilis L.	107
	Ab. *Latruncula* S.V.	108
	Ab. *Æthiops* Haw.	*id.*
580	Fasciuncula Haw.	*id.*
581	Furuncula S.V.	*id.*
	Ab. *Terminalis* Haw.	109
	Ab. *Rufuncula* Haw.	*id.*
	Ab. *Pulmonariæ* D.	*id.*
582	Literosa Haw.	*id.*
583	Captiuncula Tr.	110
584	Arcuosa Haw.	111
	G. Celæna Stph.	*id.*
585	Haworthii Curt.	112
	V. CARADRINIDÆ.	113
	G. Grammesia Stph.	*id.*
586	Trigrammica Hufn.	*id.*
	Ab. *Bilinea* Hb.	114
	G. Hydrilla B.	*id.*
587	Palustris Hb.	115
	G. Acosmetia Stph.	*id.*
588	Caliginosa Hb.	*id.*
	G. Caradrina O.	116
589	Morpheus Hufn.	117
590	Alsines Brahm.	*id.*
591	Superstes Tr.	118
592	Taraxaci Hb.	*id.*
593	Ambigua S.V.	119
594	Respersa S.V.	*id.*
595	Germainii D.	120
596	Terrea Fr.	*id.*
597	Aspersa Rbr.	121
598	Kadenii Fr.	121
	Ab. *Flavirena* B.	122
599	Selini B.	*id.*
600	Cubicularis S.V.	123
601	Infusca Staud.	*id.*
602	Lepigone Mœsch.	124
	VI. NOCTUIDÆ.	*id.*
	G. Rusina Stph.	125
603	Tenebrosa Hb.	126
	G. Agrotis O.	*id.*
604	Obesa B.	127
605	Crassa Hb.	128
606	Fatidica Hb.	129
607	Vestigialis Hufn.	130
	Ab. *Trigonalis* Esp.	131
608	Graslinii Rbr.	*id.*
609	Puta Hb.	*id.*
610	Suffusa S.V.	132
611	Saucia Hb.	133
	Ab. *Margaritosa* Haw.	*id.*
612	Agricola B.	134
613	Segetum S.V.	135
614	Corticea S.V.	136
615	Trux Hb.	*id.*
616	Ab. *Terranea* Fr.	137
617	Exclamationis L.	138
618	Cos Hb.	*id.*
	Ab. *Tephra* B.	139
619	Millieri Stdg.	*id.*
620	Cinerea S.V.	140
621	Simplonia Hb.	*id.*
622	Ripæ Hb.	141
623	Cursoria Hufn.	*id.*
624	Nigricans L.	142
	Ab. *Rubricans* Esp.	*id.*
625	Tritici L.	143

		Pages.
626	Aquilina S.V.	144
	Ab. *Fictilis* Hb.	*id.*
	Ab. *Unicolor* Hb.	*id.*
	Ab. *Vitta* Esp.	*id.*
627	Recussa Hb.	145
628	Obelisca S.V.	*id.*
	Ab. *Ruris* Hb.	146
	Ab. *Villiersii* Gn.	*id.*
629	Hastifera Donzel.	*id.*
630	? Lidia. H.S.	147
631	Agathina D.	*id.*
	Ab. *Scopariæ* Mill.	148
632	Ericæ B.	149
	V. *Occidentalis* Bell.	*id.*
633	Porphyrea S.V.	150
634	Erythrina Rbr.	*id.*
635	Præcox L.	151
636	Renigera Hb.	152
637	Signifera S.V.	153
638	Forcipula S.V.	*id.*
639	Celsicola Bell.	154
640	Sagittifera Hb.	*id.*
641	Senna Hb.	155
642	Ravida S.V.	*id.*
643	Simulans Hufn.	156
644	Lucipeta S.V.	157
645	Helvetina B.	*id.*
646	Birivia S.V.	158
647	Gilva Donzel.	*id.*
648	Decora S.V.	159
649	Lucernea L.	*id.*
650	Nyctimera B.	160
651	Constanti Mill.	161
652	Latens Hb.	*id.*
653	Corrosa H.S.	162
654	Fimbriola Esp.	163
655	Alpestris B.	*id.*
656	Ocellina S.V.	164
657	Elegans Ev.	*id.*

		Pages.
658	Larixia Gn.	165
659	Multangula Hb.	166
	Ab. *Rectangula* B.	*id.*
660	Rectangula S.V.	167
661	Anderreggii B.	168
662	Polygona S.V.	*id.*
	G. Hiria D.	169
663	Linogrisea S.V.	170
	G. Triphæna O.	*id.*
664	Janthina S.V.	171
665	Fimbria L.	172
	Ab. *Solani* F.	173
666	Interjecta Hb.	*id.*
667	Comes Hb.	174
	Ab. *Connuba* Hb.	175
	Ab. *Prosequa* Tr.	*id.*
	Ab. *Adsequa* Tr.	*id.*
668	Orbona Hufn.	*id.*
669	Pronuba L.	*id.*
	Ab. *Innuba* Tr.	176
	G. Noctua L.	*id.*
670	Margaritacea Bkh.	177
671	Candelisequa S.V.	178
672	Glareosa Esp.	*id.*
673	Depuncta L.	179
674	Augur F.	180
675	Sigma S.V.	181
676	Plecta L.	*id.*
677	Leucogaster Fr.	182
678	Musiva Hb.	183
679	Flammatra S.V.	184
680	C. nigrum L.	*id.*
	Ab. *Nun-atrum* Esp.	185
681	Tristigma Tr.	*id.*
682	Triangulum Hufn.	186
683	Rhomboidea Esp.	187
684	Brunnea S.V.	*id.*

		Pages.
685	Festiva S.V.	188
	Ab. *Subrufa* Hw.	189
	Ab. *Congener* Hb.	*id.*
686	Collina B.	*id.*
687	Dahlii Hb.	190
688	Punicea Hb.	191
689	Rubi View.	*id.*
690	Umbrosa Hb.	192
691	Baja S.V.	*id.*
692	Sobrina B.	193
	V. *Gruneri* Gn.	*id.*
693	Neglecta Hb.	*id.*
694	Xanthographa S.V.	194
	VII. ORTHOSIDÆ *G.*	195
	G. TRACHEA Hb.	196
695	Piniperda Pauz.	*id.*
	G. TÆNIOCAMPA G.	197
696	Gothica L.	*id.*
697	I. Cinctum S.V.	198
698	Leucographa S.V.	199
699	? Amicta Donz.	200
700	Rubricosa S.V.	*id.*
	Ab. *Mista* Hb.	201
	Ab. *Rufa* Hw.	*id.*
701	Incerta Hufn.	*id.*
	Ab. *Fuscatus* Hw.	202
	Ab. *Collinita* Esp.	*id.*
	Ab. *Nebulosus* Hw.	*id.*
702	Opima Hb.	*id.*
703	Populeti F.	203
704	Stabilis S.V.	*id.*
	Ab. *Junctus.*	204
705	Gracilis S.V.	*id.*
	Ab. *Pallida* Stph.	205
706	Miniosa S.V.	*id.*
707	Munda S.V.	206
708	Cruda S.V.	*id.*
	G. ORTHOSIA Tr.	207
709	Ruticilla Esp.	208
710	Lævis Hb.	*id.*
711	Suspecta Hb.	209
712	Ypsilon S.V.	210
713	Lota L.	*id.*
714	Macilenta Hb.	211
	G. ANCHOCELIS Gn.	212
715	Hæmatidea D.	*id.*
716	Rufina L.	*id.*
717	Pistacina S.V.	213
	Ab. *Lychnidis* F.	214
	Ab. *Canaria* Esp.	*id.*
	Ab. *Rubetra* Esp.	*id.*
	Ab. *Serina* Esp.	*id.*
718	Nitida S.V.	215
719	Humilis S.V.	*id.*
720	Lunosa Hw.	216
	Ab. *Neurodes* H.S.	217
721	Litura L.	*id.*
	G. CERASTIS O.	218
722	Daubei D.	219
723	? Intricata B.	220
724	Vaccinii L.	*id.*
	Ab. *Polita* S.V.	221
725	Spadicea Gn.	*id.*
	Ab. *Ligula* Esp.	222
	Ab. *Brigensis* B.	*id.*
726	Erythrocephala S.V.	*id.*
	Ab. *Glabra* S.V.	223
727	Silene S.V.	*id.*
	Ab. *Gallica* Ld.	224
	G. SCOPELOSOMA Curt.	*id.*
728	Satellitia L.	225

	Pages.
G. Dasycampa Gn.	226
729 Rubiginea S.V.	id.
730 Staudingeri Grasl.	227
G. Hoporina.	id.
731 Croceago S.V.	228
G. Xanthia O.	229
732 Citrago L.	id.
733 Fulvago L.	230
Ab. *Flavescens* Esp.	id.
734 Togata Esp.	231
735 Aurago S.V.	id.
Ab. *Fucata* Esp.	232
736 Gilvago Esp.	id.
Ab. *Palleago* Hb.	232
737 Ocellaris Bkh.	233
Ab. *Lineago* Gn.	234
738 Circellaris Hufn.	id.
739 Pulmonaris Esp.	235
G. Hiptelia Gn.	236
740 Ochreago Hb.	id.
G. Cirrœdia Gn.	237
741 Xerampelina Hb.	id.
742 Ambusta S.V.	238
G. Mesogona B.	id.
743 Acetosellæ S.V.	239
744 Oxalina Hb.	240

TOME IV.

	Pages.
VIII. COSMIDÆ G.	1
G. Tethea O.	id.
745 Subtusa S.V.	2
746 Retusa L.	id.
G. Euperia Gn.	3
747 Paleacea Esp.	id.
G. Cosmia O.	4
748 Trapezina L.	id.
749 Pyralina S.V.	5
750 Diffinis L.	6
751 Affinis L.	6
G. Dicycla Gn.	7
752 Oo L.	id.
IX. HADENIDÆ G.	8
G. Ilarus R.	9
753 Ochroleuca S.V.	10
G. Dianthœcia B.	id.
754 Irregularis Hufn.	11
755 Carpophaga Bkh.	12

		Pages.
756	Capsophila D.	13
757	Capsincola S.V.	14
758	Cucubali S.V.	*id.*
759	Silenes Hb.	15
760	Cæsia S.V.	16
761	Filigramma Esp.	*id.*
	V. *Xanthocyanea* Hb.	17
	V. *Luteocincta* Rbr.	*id.*
762	Tophroleuca B.	19
763	Albimacula Bkh..	*id*
764	Magnolii B.	20
765	Conspersa S.V.	21
766	Compta S.V.	22
	Ab. *Viscariæ* Gn.	23
	G. HECATERA G.	*id.*
767	Dysodea S.V.	24
768	Serena S.V.	25
	V. *Leuconota* Ev.	26
768	*bis.* Monticola D.	*id.*
769	Cappa Hb.	27
	G. PHOROCERA Gn.	28
770	Canteneri D.	*id.*
771	Felicina Donz.	29
	G. POLIA O.	*id.*
772	Chi L.	30
773	Canescens B.	31
	V. *Pumicosa* Hb.	32
	V. *Asphodeli* Rbr.	*id.*
774	Platinea Tr.	*id.*
775	Nigrocincta Tr.	*id.*
	V. *Xanthomista* Hb.	33
776	Argillaceago Gn.	34
777	Polymita L.	35
778	Flavicincta S.V.	36
	V. *Meridionalis* B.	*id.*
779	Cœrulescens B.	37
780	Rufocincta Hb.	*id.*
	Ab. *Mucida* B.	38
781	Anilis B.	39
782	Vetula D.	*id.*
783	Cæcimacula S.V.	40
	G. EPUNDA D.	41
784	Lutulenta S.V.	*id.*
	Ab. *Sedi* Gn.	42
785	Nigra Hw.	*id.*
786	Scoriacea Esp.	43
787	Lichenea Hb.	44
	V. *Viridicincta* Fr.	*id.*
788	Viminalis F.	45
	G. VALERIA Germ.	*id.*
789	Oleagina S.V.	46
790	Jaspidea Vill.	47
	G. MISELIA Stph.	48
791	Oxyacanthæ L.	*id.*
792	Bimaculosa L.	49
	G. CHARIPTERA Gn.	50
793	Culta S.V.	*id.*
	G. AGRIOPIS B.	51
794	Aprilina L.	52
	G. PHLOGOPHORA O.	53
795	Scita Hb.	*id.*
796	Meticulosa L.	54
797	Flammea Esp.	55
798	Jodea Gn.	56
	G. EUPLEXIA Stph.	57
799	Lucipara L.	*id.*
	G. POLYPHÆNIS B.	58
800	Sericata Esp.	*id.*
	Ab. *Prospicua* Bkh.	59

		Pages.
	G. Aplecta Gn.	59
801	Herbida S.V.	60
802	Nebulosa Hufn	61
803	Speciosa Hb.	62
804	Tincta Brhm.	*id.*
805	Advena S.V.	63
	G. Hadena O.	64
806	Satura S.V.	65
807	Adusta Esp.	66
808	Solieri B.	*id.*
809	Occlusa Hb.	67
810	Roboris B.	68
	V. *Cerris* B.	69
811	Monochroma Esp.	*id.*
812	Saportæ D.	70
813	Protea S.V.	*id.*
814	Æruginea Hb.	72
815	Convergens S.V.	*id.*
816	Proxima Hb.	73
817	Meissonieri Gn.	74
818	? Alpigena B.	75
819	Glauca Hb.	*id.*
820	Dentina S.V.	76
	Ab. *Latenai* Pier.	77
821	Marmorosa Bkh.	*id.*
822	Peregrina Tr.	78
823	Chenopodii S.V.	*id.*
824	Sodæ Rbr.	79
825	Sociabilis Grasl.	80
826	Treitschkei B.	*id.*
827	Atriplicis L.	81
828	Suasa S.V.	82
	Ab. *Aliena* D.	83
829	Aliena Hb.	*id.*
830	Oleracea L.	84
831	Pisi L.	*id.*
	Ab. *Splendens* Stph.	85
832	Thalassina Hufn.	*id.*

		Pages.
833	Contigua S.V.	86
834	Genistæ Bkh.	87
835	Rectilinea Esp.	*id.*
	X. XYLINIDÆ.	88
	G. Lithocampa Gn.	89
836	Ramosa Esp.	*id.*
	G. Xylocampa Gn.	90
837	Lithorhiza Bkh.	*id.*
	G. Cloantha B.	91
838	Radiosa Esp.	92
839	Hyperici S.V.	93
840	Perspicillaris L.	*id.*
841	Solidaginis Hb.	94
	G. Calocampa Stph.	95
842	Vetusta Hb.	*id.*
843	Exoleta L.	96
	G. Xylina O.	98
844	Merckii Rbr.	*id.*
845	Furcifera Hufn.	99
846	Ingrica H. S.	100
	Cinerosa. Gn.	*id.*
847	Ornithopus. Hufn.	*id.*
848	Lapidea Hb.	101
	V. *Leautieri* B.	102
	V. *Sabinæ* Hb.	*id.*
849	Semibrunnea Hw.	*id.*
850	Socia Hufn.	103
	G. Cucullia O.	*id.*
851	Verbasci L.	105
852	Scrophulariæ S.V.	106
853	Lychnitis Rbr.	*id.*
	Ab. *Rivulorum*. Gn.	107
854	Blattariæ Esp.	*id.*
855	Thapsiphaga Tr.	108

		Pages.
856	Scrophularivora Rbr.	109
857	Prenanthis B.	*id.*
858	Asteris S.V.	111
859	Gnaphalii Hb.	112
860	Xeranthemi B.	113
861	Artemisiæ Hb.	*id.*
862	Absinthii L.	114
862 *bis*.	Formosa Rogenh. T. V, supplément.	496
863	? Anthemidis B.	115
864	Tanaceti S.V.	116
865	Chamomillæ S.V.	117
866	Santolinæ Rbr.	118
867	Lactucæ S.V.	*id.*
868	Lucifuga S.V.	120
869	Umbratica L.	121
	G. Epimecia Gn.	122
870	Ustulata Hb.	*id.*
	G. Omia Gn.	123
871	Cymbalariæ Hb.	*id.*
	G. Cleophana B.	*id.*
872	Yvanii D.	124
873	Anarrhini B.	125
874	Dejeanii D.	*id.*
875	Antirrhini Hb.	126
	G. Calophasia Stph.	127
876	Lunula Hufn.	*id.*
877	Platyptera Esp.	128
	Ab. *Olbiena* D.	129
878	Opalina Esp.	*id.*
	XI. HELIOTHIDÆ *B.*	130
	G. Chariclea Kirby.	*id.*
879	Delphinii L.	131
	G. Heliothis O.	132
880	Umbra Hufn.	*id.*
881	Peltigera S.V.	133
882	Armigera Hb.	134
883	Dipsacea L.	135
884	? Maritima Graslin.	136
885	Ononis S.V.	137
886	Scutosa S.V.	138
	G. Anthœcia B.	139
887	Cardui Hb.	*id.*
	G. Anarta Tr.	140
888	Melanopa Thnb.	*id.*
889	Funesta Payk.	141
890	Cordigera Thnb.	*id.*
891	Myrtilli L.	142
	G. Heliodes Gn.	*id.*
892	Tenebrata Scop.	143
	V. *Jocosa* Zell.	*id.*
	G. Hæmerosia B.	144
893	Renalis Hb.	*id.*
	XII. ACONTIDÆ *B.*	145
	C. Agrophila B.	*id.*
894	Sulphuralis L.	146
	G. Acontia Tr.	*id.*
895	Lucida Hufn.	147
	Ab. *Albicollis* Fab.	*id.*
	Ab. *Insolatrix* Hb.	148
896	Viridisquama Gn.	*id.*
897	Luctuosa S.V.	149
	XIII. ERASTRIDÆ *G.*	*id.*
	G. Erastria Tr.	150
898	Venustula Hb.	*id*

Pages.

899 Scitula Rbr. 151
900 Deceptoria Scop. *id.*
901 Candidula S.V. 152
902 Pygarga Hufn. 153
V. Guenei Fallou. *id.*

G. Bankia Gn. 154
903 Bankiana F. *id.*

XIV. ANTHOPHILIDÆ. 155

G. Hydrelia Gn. *id.*
904 Numerica B. *id.*
905 Uncana L. 156

G. Leptosia Gn. 157
906 Velox Hb. *id.*
907 Dardouini B. *id.*
908 Polygramma B. 158

G. Micra Gn. 159
909 Candidana F. *id.*
910 Paula Hb. 160
911 Parva Hb. *id.*
912 Ostrina Hb. 161
913 Purpurina S.V. 162

G. Anthophila Tr. *id.*
914 Amœna Hb. 163
915 Pura Hb. *id.*
916 Glarea Tr. 164
V. Phlomidis. *id.*
917 Suava Hb. *id.*
918 Jucunda Hb 165

G. Metoptria Gn. 166
919 Monogramma Hb. *id.*

XV. PHALÆNOIDÆ *G.* 167

G. Brephos O. 168

Pages.

920 Parthenias L. 168
921 Notha Hb. 169
V. Touranginii Maurice Sand. *id.*

XVI. ERIOPIDÆ *G.* 170

G. Eriopus O. *id.*
922 Pteridis F. 171
623 Latreillei D. 172

XVII. EURHIPIDÆ *G.* 173

G. Eurhipia B. *id.*
924 Adulatrix Hb. 174

XVIII. PLACODIDÆ 175

G. Placodes B. *id.*
925 Amethystina Hb. *id.*

XIX. PLUSIDÆ *B.* 176

G. Abrostola O. *id.*
926 Urticæ Hb. 177
927 Asclepiadis S.V. 178
928 Triplasia L. *id.*

G. Plusia Tr. 179
929 Illustris F. 180
930 Uralensis Ev. 181
931 Modesta Hb. 182
932 Consona F. 183
933 Moneta F. 184
934 Deaurata Esp. 185
935 Orichalcea F. 186
936 Chrysitis L. 187
937 Bractea S V. 188

	Pages.
938 Festucæ L.	189
939 V. argenteum Esp.	190
940 Jota L.	191
941 V. aureum Gn.	192
942 Chalcytes Esp.	*id.*
943 Gutta Gn.	193
944 Gamma L.	194
945 Ni Hb.	195
946 Daubei B.	196
947 Interrogationis L.	197
948 Ain Hochw.	198
949 Hochenwarthi Hochw.	199
950 Devergens Hb.	*id.*
XX. CALPIDÆ *G.*	201
G. Calpe B.	*id.*
951 Capucina Esp.	*id.*
XXI. GONOPTERIDÆ *G.*	202
G. Gonoptera Lat.	*id.*
952 Libatrix L.	203
XXII. AMPHIPYRIDÆ *G.*	*id.*
G. Amphipyra Tr.	204
952 *bis*. Pyramidea.	*id.*
953 Perflua.	205
953 *bis*. Effusa B.	*id.*
954 Cinnamomea Bkh.	207
955 Tragopogonis L.	*id.*
956 Tetra F.	208
957 Livida S.V.	*id.*
G. Mania Tr.	209
958 Maura L.	*id.*
959 Typica L.	210
XXIII. TOXOCAMPIDÆ *G.*	211
G. Spintherops B.	*id.*
960 Spectrum Esp.	212
961 Cataphanes Hb.	213
962 Dilucida Hb.	*id.*
G. Toxocampa Gn.	214
963 Craccæ S.V.	215
964 Viciæ Hb.	*id.*
965 Pastinum Tr.	216
966 Lusoria L.	217
XXIV. STILBIDÆ *G.*	*id.*
G. Stilbia Stph.	*id.*
967 Anomala Haw.	218
XXV. CATEPHIDÆ *G.*	219
G. Catephia Tr.	*id.*
968 Alchymista Geoff.	220
G. Anophia Gn.	*id.*
969 Leucomelas L.	211
970 Ramburii B.	222
XXVI. BOLINIDÆ *G.*	223
G. Bolina D.	*id.*
971 Cailino Lef.	*id.*
XXVII. CATOCALIDÆ *B.*	224
G. Catocala Schr.	*id.*
972 Fraxini L.	226

Pages.
973 Nupta L. 227
974 Elocata Esp. 228
975 Puerpera Giorna. *id.*
976 Electa Bkh. 229
977 Optata God. 231
Ab. Amanda B. 232
Ab. Selecta B. *id.*
978 Conjuncta Esp. *id.*
979 Sponsa L. 233
980 Dilecta Bkh. 234
981 Promissa S.V. 235
982 Paranympha L. 236
983 Conversa Esp. 237
V. Agamos Hb. 238
984 Nymphæa Esp. *id.*
985 Diversa Hb. 239
986 Nymphagoga Esp. 240
987 Protonympha B. 242

XXVIII. OPHIUSIDÆ *G.* *id.*

G. Ophiodes Gn. 243
988 Tirrhæa Cr. *id.*

Pages.
989 Lunaris S.V. 244

G. Pseudophia Gn. 245
990 Illunaris Hb. *id.*

G. Grammodes Gn. 246
991 Stolida F. *id.*
992 Bifasciata Pet. 247
993 Algira L. 248

XXIX. EUCLIDIDÆ *G.* 249

G. Euclidia Tr. *id.*
994 Mi L. 250
995 Glyphica L. *id.*

XXX. POAPHILIDÆ *G.* 251

G. Phytometra Haw. *id.*
996 Laccata Scop. 252

TOME V.

—

D. PHALÆNIDÆ, D.

		Pages.
	I. URAPTERYDÆ *G.*	2
	G. URAPTERYX Leach.	*id.*
997	Sambucaria L.	*id.*
	II. ENNOMIDÆ *G.*	3
	G. EPIONE Dup.	4
998	Apiciaria S.V.	*id.*
999	Paralellaria S.V.	5
1000	Advenaria Hb.	6
	G. RUMIA D.	7
1001	Cratægata L.	*id.*
	G. VENILIA D.	8
1002	Macularia L.	*id.*
	Ab. *Quadrimaculata.* Hatch.	9
	G. ANGERONA D.	*id.*
1003	Prunaria L.	*id*
	Ab. Sordiata Goetz.	10
	G. METROCAMPA Lat.	*id.*
1004	Honoraria S.V.	11
1005	Margaritaria L.	*id.*
	G. ELLOPIA Tr.	13
1006	Prosapiaria L.	*id.*
	Ab. *Prasinaria* Hb.	*id.*
	G. EURYMENE D.	16
1007	Dolabraria L.	*id.*
	G. PERICALLIA St.	17
1008	Syringaria L.	*id.*
	G. SELENIA Hb.	19
1009	Bilunaria Esp.	*id.*
	V. Juliaria Hw.	20
1010	Lunaria S.V.	21
	V. *Delunaria* Hb.	*id.*
1011	Tetralunaria Hufn.	22
	V. *Æstiva* Stg.	23
	G. ODONTOPERA St	24
1012	Bidentata Clk.	*id.*
	G. CROCALLIS Tr.	25
1013	Elinguaria L.	26
1014	Tusciaria Bkh.	27
1015	Dardoinaria Donz.	28
1016	Trapezaria B.	30

		Pages.
	G. ENNOMOS Tr.	30
1017	Autumnaria Wern.	31
1018	Alniara L.	32
1019	Fuscantaria Hw.	33
1020	Erosaria Bkh.	34
1021	Angularia Bkh.	*id.*
	Ab. Quercinaria Sepp.	35
	G. HIMERA D.	36
1022	Pennaria L.	*id.*
	III. AMPHIDASIDÆ *G.*	37
	G. PHIGALIA D.	38
1023	Pilosaria Hb.	*id.*
	G. NYSSIA D.	39
1024	Zonaria D.	*id.*
1025	Pomonaria Hb.	40
1026	Hispidaria F.	41
	G. BISTON Leach.	42
1027	Hirtaria L.	43
	G. AMPHIDASIS Tr.	44
1028	Strataria Hufn.	*id.*
1029	Betularia L.	45
	IV. BOARMIDÆ *G.*	46
	G. HEMEROPHILA St.	47
1030	Abruptaria Thnb.	*id.*
1031	Nychthemeraria Hb.	48
1032	Solieraria Rbr.	50
	G. NYCHIODES Led.	*id.*
1033	Lividaria Hb.	51
	G. SYNOPSIA Hb.	52
1034	Sociaria Hb.	*id.*
	V. *Propinquaria* B.	53

		Pages.
	G. CLEORA Curt.	54
1035	Angularia Thnb.	55
1036	Lichenaria Hufn.	56
1037	Glabraria Hb.	57
	G. BOARMIA T.	58
1038	Ilicaria Hb.	59
1039	Secundaria Esp.	60
1040	Umbraria Hb.	61
1041	Repandata L.	62
	Ab. Conversaria Hb.	63
	Ab. *Destrigaria* St.	*id.*
	Ab. Muraria Curt.	64
1042	Gemmaria Brhm.	*id.*
	Ab. *Abstersaria* B.	65
1043	Abietaria Hb.	*id.*
1044	Cinctaria S.V.	66
	Ab. *Consimilaria* D.	67
1045	Roboraria S.V.	68
1046	Consortaria F.	69
1047	Selenaria Hb.	70
	G. TEPHROSIA B.	71
1048	Consonaria Hb.	72
1049*	Crepuscularia Hb.	73
	Ab. Abietaria Hw.	74
1050	Biundularia Bkh.	*id.*
1051	Luridata Bkh.	*id.*
1052	Punctularia Hb.	75
	G. GNOPHOS Tr.	76
1053	Dumetata T.	*id.*
1054	Mucidaria Hb.	77
1055	Variegata D.	79
1056	Glaucinaria Hb.	80
	Ab. Sartaria H.S.	*id.*
	Ab. Supinata Led.	81
1057	Furvata F.	*id.*

		Pages.
1058	Obscuraria Hb.	82
1059	Serotinaria Hb.	83
1060	Dilucidaria Hb.	84
1061	Ambiguata D.	*id.*
	Meyeraria Lah.	85
	Ophthalmicata Led.	*id.*
1062	Pullata Tr.	86
1063	Canitiaria Gn.	88
1064	Obfuscaria Hb.	*id.*
1065	Zelleraria Frey.	90
	G. Dasydia Gn.	*id.*
1066	Tenebraria Esp.	*id.*
	Horridaria Hb.	91
	G. Psodos Tr.	*id.*
1067	Quadrifaria Sulz.	*id.*
1068	Alpinata Scop.	92
1069	Trepidaria Hb.	*id.*
1070	Atlicolaria Mn.	93
	G. Pygmæna B.	*id.*
1071	Fusca Thnb.	*id.*
	G. Mniophila B.	94
1072	Sepiaria Hufn.	95
1073	Carieraria. H.S.	96
	V. BOLETOBIDÆ *G.*	*id.*
	G. Boletobia B.	*id.*
1074	Fuliginaria L.	*id.*
	VI. GEOMETRIDÆ *G.*	97
	G. Pseudoterpna Hb.	98
1075	Pruinata Hufn.	*id.*
	Ab. *Agrestaria* D.	99
1076	Coronillaria Hb.	100
	G. Geometra B.	100
1077	Papilionaria L.	101
1078	Smaragdaria F.	102
	G. Nemoria Hb.	*id.*
1079	Viridata L.	103
1080	Porrinata Zell.	104
1081	Pulmentaria Gn.	*id.*
1082	Faustinata Mill.	105
1083	Aureliaria Mill.	106
1084	Bruandaria Mill.	107
	G. Jodis Hb.	*id.*
1085	Vernaria Hb.	108
1086	Lactearia L.	*id.*
1087	Putata L.	109
	G. Eucrostis Hb.	*id.*
1088	Indigenaria Vill.	110
	G. Phorodesma B.	111
1089	Pustulata Hufn.	*id.*
	G. Hemithea D.	112
1090	Strigata Muell.	*id.*
1091	Fimbrialis Scop.	113
	VII. EPHYRIDÆ *G.*	114
	G. Ephyra D.	*id.*
1092	Pupillaria Hb.	115
1093	Porata F.	116
1094	Punctaria L.	117
1094 *bis.*	Strabonaria Zell.	498
1095	Trilinearia Bkh.	118
1096	Albiocellaria Hb.	119
1097	Annulata Schulze	*id.*
1098	Orbicularia Hb.	120
1099	Pendularia L.	121

Pages.

VIII. ACIDALIDÆ *G.* 122

G. Hyria St. 123
1100 Muricata Hufn. *id.*

G. Asthena Hb. 124
1101 Luteata S.V. *id.*
1102 Candidata S.V. 125
1103 Testaceata Donov. *id.*

G. Eupisteria B. 126
1104 Obliterata Hufn. *id.*

G. Acidalia T. 127
1105 Sericeata Hb. 128
1106 Trilineata Scop. *id.*
1107 Flaveolaria Hb. 129
1108 Filacearia H.S. 130
1109 Luteolaria Const. *id.*
1110 Perochraria F.-R. 131
1111 Exilaria B. *id.*
1112 Ochrata Scop. 132
1113 Rufaria Hb. 133
1114 Consanguinaria Led. *id.*
1115 Sylvestraria D. 134
1116 Moniliata F. *id.*
1117 Alyssumata Himm. 135
1118 Rubiginata Hufn. 136
1119 Turbidaria H.S. 137
1120 Circuitaria Hb. 138
V. Chimæraria Mill. 139
1121 Dimidiata Hufn. *id.*
1122 Lævigaria Hb. 140
1123 Helianthemata Mill. 141
1124 Politata Hb. 142
1125 Bisetata Hufn. 143
1126 Eriopodata Grasl. 144
1127 Trigeminata Hw. 145

Pages.
1128 Contiguaria Hb. 145
1129 Herbariata F. 146
1130 Filicata Hb. 147
1131 Rusticata F. 148
1132 Ostrinaria Hb. 149
1133 Humiliata Hufn. *id.*
1134 Dilutaria Hb. 150
1135 Holosericeata D. 151
1136 Attenuaria Rbr. 152
1137 Cervantaria Mill. *id.*
1138 Incanaria Hb. 154
V. Cantenerariа B. *id.*
V. Paleaceata Hb. *id.*
1139 Elongaria Rbr. 155
1140 Obsoletaria Rbr. 156
1141 Aquitanaria Const. 157
1142 Ornata Scop. *id.*
1143 Decorata Bkh. 159
1144 Nexata Hb. 160
1145 Submutata Tr. 161
1146 Luridata Zell. 162
1147 Rufomixtata Rbr. *id.*
1148 Marginepunctata Gœze *id.*
1149 Incanata L. 163
1150 Straminata Tr. 164
V. Folognearia Stgr. 165
1151 Subcericeata Hw. *id.*
V. Asbestaria Zell. 166
1152 Mediaria Hb. *id.*
1153 Strigaria Hb. 167
1154 Litigiosaria B. 168
1155 Immutata L. 169
1156 Caricaria Reutt. *id.*
1157 Nemoraria Hb. 170
1158 Punctata Tr. 171
1159 Remutaria Hb. 172
1160 Fumata St. *id.*
1161 Umbelaria Hb. 173

		Pages.
1162	Strigilaria Hb.	174
1163	Imitaria Hb.	*id.*
1164	Emutaria Hb.	175
1165	Aversata L.	176
	Ab. Lividata L.	177
1166	Inormata Hw.	*id.*
	Ab. Maritimata G.	178
	Ab. Suffusata Tr.	*id.*
1167	Degeneraria Hb.	*id.*
	V. Meridiaria Mill.	179
1168	Agrostemmata Gn.	*id.*
1169	Incarnaria H.S.	180
1170	Emarginata L.	*id.*
	G. Timandra D.	181
1171	Amataria L.	182
	G. Pellonia D.	183
1172	Vibicaria L.	*id.*
1173	Calabraria Zell.	184
	IX. CABERIDÆ *G.*	185
	G. Stegania D.	*id.*
1174	Cararia Hb.	*id.*
1175	Trimaculata Vill.	186
	Ab. Commutaria Hb.	187
	G. Thamnonoma Led.	*id.*
1176	Contaminaria Hb.	188
	G. Cabera Tr.	189
1177	Pusaria L.	*id.*
1178	Exanthemata Scop.	190
	G. Corycia D.	191
1179	Temerata Hb.	*id.*
1180	Bimaculata F.	192
	G. Aleucis Gn.	*id.*
1181	Pictaria Curt.	193
	X. MACARIDÆ *G.*	194
	G. Macaria. Curt.	*id.*
1182	Notata L.	195
1183	Alternaria Hb.	196
1184	Liturata Clk.	*id.*
1185	Signaria Hb.	197
1186	Æstimaria Hb.	198
	G. Halia D.	199
1187	Wavaria L.	200
	XI. FIDONIDÆ *G.*	*id.*
	G. Tephrina Gn.	201
1188	Vincularia Hb.	*id.*
1189	Petraria Hb.	203
1190	Rippertaria D.	204
1191	Scutularia D.	205
1192	Partitaria Hb.	206
1193	Artesiaria F.	207
1194	Murinaria F.	208
	Arenacearia Hb.	209
	G. Aplasta Hb.	*id.*
1195	Onoraria Fuess.	210
	G. Strenia D	*id.*
1196	Glareata Brhm.	211
1197	Immorata L.	212
1198	Tessellaria B.	*id.*
1199	Clathrata L.	213
	Ab. Cancellaria Hb.	214
	G. Rhoptria Gn.	*id.*
1200	Asperaria Hb.	215
	G. Liodes Gn.	216
1201	Tibiaria Rbr.	*id.*

		Pages.
	G. Numeria D.	217
1202	Capreolaria F.	218
	Ab. Donzelaria D.	219
1203	Pulveraria L.	*id.*
	G. Scodiona B.	220
1204	Conspersaria F.	*id.*
1205	Leutiscaria Donz.	221
1206	Emucidaria D.	222
1207	Belgaria Hb.	224
	G. Selidosema Led.	225
1208	Perspersaria D.	*id.*
	Ab. Miniosaria D.	226
1209	Agaritharia Dard.	227
1210	Ericetaria Vill.	228
	V. Pyrenæaria B.	229
1211	Tæniolaria Hb.	*id.*
	G. Fidonia Tr.	230
1212	Atomaria L.	231
1213	Carbonaria L.	232
1214	Famula Esp.	*id.*
1215	Piniaria L.	234
1216	Brunneata. Thnb.	235
1217	Limbaria F.	236
1218	Roraria F.	237
1219	Pennigeraria Hb.	*id.*
1220	Plumistaria Vill.	238
	Auritaria Hb.	239
	G. Cleogene D.	*id.*
1221	Peletieraria D.	240
1222	Lutearia F.	*id.*
	G. Calamodes Gn.	241
1223	Occitanaria D.	242
	G. Anthometra B.	243
1224	Plumularia B.	*id.*
	G. Minoa Tr.	244
1225	Murinata Scop.	*id.*
	G. Scoria St.	245
1226	Lineata Scop.	*id.*
	G. Lythria Hb.	246
1227	Purpuraria L.	247
	V. *Cruentaria* Bkh.	*id.*
	V. *Rotaria* F.	*id.*
1228	Sanguinaria B.	248
	G. Sterrha Hb.	*id.*
1229	Sacraria L.	249
	Ab. Sanguinaria	250
	G. Hypoplectis Hb.	*id.*
1230	Adspersaria Hb.	*id.*
	G. Aspilates Tr.	251
1231	Strigillaria Hb.	*id.*
1232	Ochrearia Rossi.	252
1233	Gilvaria S.V.	253
1234	Formosaria Ev.	254
	XII. ZERENIDÆ *G.*	255
	G. Rhyparia Hb.	256
1235	Melanaria L.	*id.*
	G. Abraxas Leach.	257
1236	Grossulariata L.	*id.*
1237	Sylvata Scop.	258
1238	Pantaria L.	259
	G. Ligdia Gn.	260
1239	Adustata S.V.	261
	G. Lomaspilis Hb.	*id.*
1240	Marginata L.	262
	Ab. Pollutaria Hb.	*id.*

Pages.

XIII. LIGIDÆ *G.* 263

G. Timia B. *id.*
1241 Margarita Hb. *id.*

G. Ligia D. 265
1242 Jourdanaria Vill. *id.*
1243 Opacaria Hb. 266
Ab. Rubra Stgr. 267

G. Pachycnemia St. *id.*
1244 Hippocastanaria Hb. 268

G. Chemerina B. 269
1245 Caliginearia Rbr. *id.*

XIV. HYBERNIDÆ *G.*

G. Hybernia Lat.
1246 Rupicapraria Hb. 271
1247 Bajaria S.V. 272
1248 Leucophæaria S.V. 273
Ab. Marmorinaria Esp. *id.*
1249 Aurantiaria Esp. 274
1250 Marginaria Bkh. *id.*
1251 Defoliaria L. 276

G. Anisopteryx St. 277
1252 Æscularia S.V. 278
1253 Acoraria S.V. *id.*

XV. LARENTIDÆ *G.* 279

G. Cheimatobia St. *id.*
1254 Brumata L. 280
1255 Boreata Hb. 281

G. Oporabia St. 282
1256 Dilutata S.V. *id.*

Pages.
1257 Autumnata B. 283

G. Larentia Tr. 284
1258 Rupestrata S.V. *id.*
1259 Didymata L. 285
1260 Vespertaria Bkh. 286
1261 Multistrigaria Hw. 287
V. *Olbiaria* Mill. 288
1262 Austriacaria H.S. 289
1263 Cæsiata S.V. 290
1264 Cæruleata Gn. 291
1265 Flavicinctata Hb. 292
1266 Infidaria Lah. *id.*
1267 Tophaceata S.V. 293
1268 Cyanata Hb. 294
1269 Nobiliaria H.S. 295
1270 Salicata Hb. 296
1271 Incultaria H.S. 298
1272 Aqueata Hb. *id.*
1273 Nebulata Tr. 299
1274 Frustata Tr. 300
1275 Kollariaria H.S. *id.*
1276 Turbata Hb. 301
1277 Olivata Bkh. 302
1278 Aptata Hb. 303
Pontissalaria Brd 304
1279 Viridaria F. *id.*

G. Emmelesia S. 305
1280 Affinitata St. *id.*
1281 Alchemillata L. 306
1282 Hydrata Tr. 307
1283 Albulata S.V. 308
1284 Decolorata Hb. 309
1285 Unifasciata Hw. *id.*
1286 Adæquata Bkh. 310
1287 Minorata T. 311

G. Eupithecia Curt. 312
1288 Oblongata Thnb. 313

		Pages.
1289	Gueneata Mill.	315
1290	Breviculata Dnz.	id.
1291	Irriguata Hb.	316
1292	Venosata F.	317
1293	Subnotata Hb.	318
1294	Insigniata Hb.	319
1295	Linariata S.V.	320
1296	Pulchellata St.	id.
1297	Pyreneata Mab.	321
1298	Laquæaria H.S.	322
1299	Pusillata S.V.	323
1300	Abietaria Goeze.	id.
1301	Togata Hb.	325
1302	Debiliata Hb.	id.
1303	Rectangulata L.	326
1304	Coronata Hb.	327
1305	Chloerata Mab.	328
1306	Millefoliata Rœss.	329
1307	Santolinata Mab.	330
1308	Succinturiata L.	331
1309	Oxydata Tr.	332
1310	Scopariata Rbr.	id.
1311	Nanata Hb.	334
1312	Innotata Hb.	id.
1313	Fraxinata Crw.	335
1314	Impurata Hb.	336
1315	Pygmæata Hb.	337
1316	Nepetata Mab.	338
1317	Ultimaria B.	339
1318	Massiliata Mill.	id.
1319	Tenuiata Hb.	340
1320	Plumbeolata Hw.	341
1321	Isogrammaria H.S.	342
1322	Cauchyata D.	343
1323	Satyrata Hb.	344
1324	Helveticaria B.	345
1325	Veratraria H.S.	346
1326	Castigata Hb.	347
1327	Lariciata Frey.	id.

		Pages.
1328	Virgaureata Dbly.	348
1329	Vulgata Hw.	349
1330	Campanulata H.S.	350
1331	Albipunctata Hw.	351
1332	Absynthiata L.	352
1333	Assimillata Dbly.	353
1334	Goossensiata Mab.	354
1335	Expallidata Gn.	355
1336	Pimpinellata Hb.	id.
1337	Constrictata Gn.	356
1338	Albifronsata Grasl.	357
1339	Distinctaria H.S.	358
1340	Sextiata Dard.	359
1341	Indigata Hb.	id.
1342	Cocciferata Mill.	360
1343	Abbreviata St.	361
1344	Dodoneata Gn.	362
1345	Exiguata Hb.	363
1346	Lanceata Hb.	364
1347	Phœniceata Rbr.	365
1348	Oxycedrata Rbr.	id.
1349	Unedonata Mab.	367
1350	Rosmarinata Mill.	id.
1351	Sobrinata Hb.	369
1352	Ericeata Rbr.	370
1353	Pumilata Hb.	id.
	Globulariata Mill.	372
	Pauxillaria B.	id.
	Parvularia H.S.	id.
	G. Collix Gn.	id.
1354	Sparsata Hb.	id.
	G. Lobophora Curt.	373
1355	Halterata Hufn.	374
1356	Sexalisata Hb.	375
1357	Viretata Hb.	id.
1358	Carpinata Bkh.	376
1359	Sertata Hb.	377
1360	Polycommata Hb.	378

		Pages.
	G. THERA St.	*id.*
1361	Juniperata L.	379
1362	Cupressata D.	380
1363	Simulata Hb.	381
	V. Geneata Feist.	*id.*
1364	Variata S.V.	*id.*
	Ab. Fulvata F.	382
	Ab. Simularia B.	383
	Ab. Stragulata Hb.	*id.*
1365	Firmata Hb.	*id.*
	V. Ulicata Rbr.	385
	G. YPSIPETES St.	*id.*
1366	Trifasciata Bkh.	*id.*
1367	Sordidata F.	387
1368	Literata Donov.	388
	G. MELANTHIA D.	389
1369	Bicolorata Hufn.	*id.*
1370	Ocellata L.	390
1371	Albicillata L.	391
	G. MELANIPPE D.	393
1372	Hastata L.	*id.*
1373	Tristata L.	395
1374	Funerata Hb.	396
1375	Luctuata S V.	*id.*
1376	Procellata F.	397
1377	Rivata Hb.	398
1378	Sociata Bkh.	399
1379	Unangulata Hw.	400
1380	Mollugimata Hb.	401
1381	Montanata Bkh.	402
1382	Galiata Hb.	403
1383	Fluctuata L.	404
1384	Alpicolaria H.S.	405
1385	Permixtaria H.S.	406
	G. ANTICLEA St.	407
1386	Cuculata Hufn.	408
1387	Rubidata F.	409
1388	Badiata S.V.	410
1389	Nigrofasciaria Goeze.	412
1390	Berberata S.V.	413
	G. COREMIA Gn.	415
1391	Designata Rott.	*id.*
1392	Ferrugata Clck.	416
	Ab. Unidentaria Hw.	418
1393	Pomæriaria Ev.	*id.*
1394	Quadrifasciaria Clck.	419
1395	Basochesiata D.	421
	G. CAMPTOGRAMMA St.	423
1396	Bilineata L.	*id.*
	Ab. Bistrigaria H.S.	424
1397	Scripturata Hb.	*id.*
1398	Riguata Hb.	425
1399	Fluviata Hb.	426
	G. PHIBALAPTERYX St.	428
1400	Tersata Hb,	429
1401	Lapidata Hb.	430
1402	Vittata Bkh.	431
1403	Polygrammata Bkh.	432
1404	Aquata Hb.	433
1405	Vitalbata Hb.	435
	G. SCOTOSIA St.	436
1406	Dubitata L.	437
	V. Cinereata St.	438
1407	Sabaudiata D.	*id.*
1408	Vetulata S.V.	439
1409	Rhamnata S.V.	440
1410	Certata Hb.	442
1411	Montivagata D.	444
1412	Undulata L.	445
	G. CIDARIA Tr.	446
1413	Siterata Hufn.	447
1414	Miata L.	448

		Pages.
1415	**Picata** Hb.	449
1416	**Corylata** Thnb.	450
1417	**Sagittata** F.	451
1418	**Truncata** Hufn.	452
	Ab. Perfuscata Hw.	453
	Ab. Acutata Gn.	*id.*
	V. Immanata Hw.	*id.*
1419	**Suffumata** Hb.	454
1420	**Reticulata** F.	456
1421	**Silaceata** Hb.	457
	Ab. Capitata H.S.	458
1422	**Prunata** L.	*id.*
1423	**Testata** L.	460
1424	**Populata** L.	461
1425	**Fulvata** Forst.	462
1426	**Dotata** L.	463
1427	**Associata** Bkh.	464
	G. PELURGA Hb.	465
1428	**Comitata** L.	*id.*
	XVI EUBOLIDÆ *G.*	467
	G. EUBOLIA D.	*id.*
1429	**Cervinata** S.V.	468
1430	**Malvata** Bbr.	469
1431	**Mœniata** Scop.	470
1432	**Limitata** Scop.	472
1433	**Plumbaria.**	473
	Ab. Luridaria Bkh.	474

		Pages.
1434	Peribolata Hb.	*id.*
1435	Bipunctaria S.V.	476
	Ab. Gachtaria Frey.	477
1436	Vicinaria D.	*id.*
1437	Cœlinaria Grasl.	478
1438	Coarctata F.	479
1439	Virgata Hufn.	480
	G. ANAITIS D.	481
1440	Lithoxylata Hb.	*id.*
1441	Plagiata L.	482
1442	Præformata Hb.	483
1443	Simpliciata Tr.	484
	G. LITHOSTEGE Hb.	486
1444	Farinata Hufn.	486
	G. CHESIAS Tr.	*id.*
1445	Spartiata Fuessl.	487
1446	Rufata F.	488
	G. GYPSOCHROA Hb.	489
1447	Renitidata Hb.	*id.*
	G. TANAGRA D.	490
1448	Atrata L.	*id.*
1449	Tibiale Esp.	491
	G. AVENTIA D.	*id.*
1450	Flexula S.V.	492

FIN.

FONTAINEBLEAU. — IMPRIMERIE DE ERNEST BOURGES.

FAUNE ENTOMOLOGIQUE FRANÇAISE

PAPILLONS

Description de tous les Lépidoptères qui se trouvent en France

Par M. E. Berce

Dessins par M. Théophile Deyrolle

1er volume, comprenant des indications générales sur l'organisation, la classification, la chasse et la conservation des Lépidoptères, la description de tous les Rhopalocères (diurnes), et 87 espèces parmi ceux-ci, représentées dessus et dessous.

Volume in-18 jésus, 250 pages, 18 planches coloriées... 8 fr.

2e volume, description de toutes les espèces Hétérocères (crépusculaires), jusqu'aux Noctuo-Bombycites inclusivement; les 17 planches gravées représentent 106 espèces, parmi lesquelles toutes celles du genre Sesia, et 40 dessins au trait de caractères.. 10 fr. 50 c.

3e volume, description des Hétérocères (noctuelles), avec 6 planches coloriées, représentant 60 espèces et des dessins au trait de caractères.. 6 fr.

4e volume, description des Hétérocères (fin des noctuelles), avec 8 planches représentant 82 espèces.......................... 8 fr.

Le 5e et dernier volume termine complètement cet ouvrage et donne la description des Phalènes......................... 12 fr.

Afin de faciliter l'acquisition de cet ouvrage indispensable, nous accepterons des paiements échelonnés de 5 francs par mois.

ICONOGRAPHIE

ET HISTOIRE NATURELLE DES CHENILLES

Par Duponchel et M. Guenée

Donnant la description des Chenilles d'Europe, leurs mœurs, les indications nécessaires pour leur éducation et leur récolte, avec 93 magnifiques planches gravées et coloriées.

Nouvelle édition publiée en 40 livraisons à 1 fr.

Les deux vol., reliés maroquin rouge, tr. dorée....... 45 fr.

REVUE

ET

MAGASIN DE ZOOLOGIE

PURE ET APPLIQUÉE

Fondée en 1831, par GUÉRIN-MÉNEVILLE.

Ce Recueil paraît mensuellement et forme chaque année un volume de 500 à 600 pages, avec un grand nombre de planches; il comprend, en outre des travaux inédits sur toutes les branches de la Zoologie, le compte rendu de toutes les publications françaises et étrangères; c'est, en un mot, un recueil tenant toujours les zoologistes au courant de la science, quelle que soit la branche dont ils s'occupent plus spécialement. Rien n'est négligé pour rendre cette publication aussi parfaite que possible, et l'exécution matérielle en est des plus soignées.

Chaque auteur a droit à 25 exemplaires gratis, des travaux insérés.

Une Bibliothèque zoologique considérable est tenue gratuitement à la disposition des abonnés, qui peuvent la consulter tous les jours; les abonnés de province peuvent également recevoir ces volumes en communication, sans autres frais que les ports d'aller et retour, et en s'en portant garants en cas de perte.

Cette bibliothèque comprend déjà plus de 2,000 volumes; nous faisons appel à tous les zoologistes, les priant de nous venir en aide pour la compléter autant que possible. Les amateurs qui habitent loin des centres sont souvent arrêtés par la difficulté de se procurer les livres nécessaires pour leurs travaux, et obligés d'abandonner une science qui serait devenue leur plus chère distraction. C'est donc un des plus puissants moyens de propager les sciences naturelles que de mettre chacun à même d'obtenir gratuitement tous les documents désirables.

PRIX DE L'ABONNEMENT ANNUEL

20 fr.

Pour les départements, franco .... **21** fr.
Suisse, Italie, Belgique **22**
Autriche, Espagne, Prusse, Russie, Saxe **23**
Toutes les autres contrées **24**

REVUE ZOOLOGIQUE

Première série, 11 années, 1838 à 1848; en 11 volumes in-8°, brochés, contenant un grand nombre de monographies et de travaux importants, avec planches noires; au lieu de 198 fr., net. .... 130 fr.

REVUE ET MAGASIN DE ZOOLOGIE

Deuxième série, 1849 à 1872

En 23 forts volumes in-8°, comprenant chacun environ 500 pages de texte et 20 à 30 planches, la plupart coloriées. Chaque volume séparé .... 20 fr.
Les 23 volumes ensemble, pour les souscripteurs. 400

La troisième série commence en 1873.

Fontainebleau. — Imprimerie E. Bourges.

Fontainebleau — Imp. E. Bourges.

www.ingramcontent.com/pod-product-compliance
Ingram Content Group UK Ltd.
Pitfield, Milton Keynes, MK11 3LW, UK
UKHW022149170726
13837UKWH00004B/1872

9 782329 484365